河南省工程建设标准

建筑及市政园林工程标志牌设置技术规程

Technical specification of signs for construction and municipal landscaping

DBJ41/T133—2014

主编单位:河南省建筑科学研究院有限公司
批准单位:河南省住房和城乡建设厅
施行日期:2014 年 9 月 1 日

黄河水利出版社
2014 郑州

图书在版编目(CIP)数据

建筑及市政园林工程标志牌设置技术规程/栾景阳主编.—郑州:黄河水利出版社,2014.9

ISBN 978-7-5509-0925-0

Ⅰ.①建… Ⅱ.①栾… Ⅲ.①建筑工程-施工现场-标志-规程 ②市政工程-施工现场-标志-规程 ③园林-绿化-施工现场-标志-规程 Ⅳ.①TU721-65 ②TU99-65 ③TU986.3-65

中国版本图书馆 CIP 数据核字(2014)第 216395 号

出 版 社:黄河水利出版社

地址:河南省郑州市顺河路黄委会综合楼 14 层　　邮政编码:450003

发行单位:黄河水利出版社

发行部电话:0371-66026940、66020550、66028024、66022620(传真)

E-mail:hhslcbs@126.com

承印单位:河南地质彩色印刷厂

开本:850 mm×1 168 mm　1/32

印张:1.5

字数:38 千字　　印数:1—3 000

版次:2014 年 9 月第 1 版　　印次:2014 年 9 月第 1 次印刷

定价:20.00 元

河南省住房和城乡建设厅文件

豫建设标〔2014〕38号

河南省住房和城乡建设厅
关于发布《建筑及市政园林工程标志牌设置技术规程》的通知

各省辖市、省直管县(市)住房和城乡建设局(委),各有关单位:

由河南省建筑科学研究院有限公司主编的《建筑及市政园林工程标志牌设置技术规程》已通过评审,现批准为我省工程建设地方标准,编号为DBJ41/T133—2014,自2014年9月1日在我省实施。

此标准由河南省住房和城乡建设厅负责管理,技术解释由河南省建筑科学研究院有限公司负责。

河南省住房和城乡建设厅

2014年7月9日

前　言

根据《河南省住房和城乡建设厅关于印发2013年度河南省工程建设标准制订修订计划的通知》(豫建设标〔2013〕29号)的要求,河南省建筑科学研究院有限公司组织相关单位经广泛调查研究,参照国家相关标准以及相关企业的工程实践,并在广泛征求意见的基础上,编制本规程。

本规程共5章和5个附录。主要内容是:总则、术语、基本规定、施工现场标志牌、工程竣工标志牌等。

本规程在执行过程中,请各相关单位注意总结经验,积累资料,随时将有关意见和建议反馈给河南省建筑科学研究院有限公司(郑州市金水区丰乐路4号,邮编:450053),以供今后修订时参考。

主编单位:河南省建筑科学研究院有限公司

参编单位:郑州大学
中建七局第四建筑有限公司
河南省建设安全监督总站
中建三局集团有限公司
河南五建建设集团有限公司
郑州航空工业管理学院

主要起草人员:栾景阳　朱　军　唐　丽　鞠　晓　李　明
翟国政　牛福增　刘利军　李仕利　张立刚
刘云祥　苏渊博　祁　冰　夏　芳　程浩军
刘　哲　常　艳　丁桂贞　汪尧清　张继隆
李　欣　张淑景　曾新生　施秀琴　刘军委

主要审查人员:胡伦坚　鲁性旭　季三荣　郑传昌　张新建
许继清　王晓丽

目　次

目次

1 总　　则

1.0.1　为明确工程建设各方责任主体的责任,充分发挥社会监督作用,提高工程安全意识,统一和规范工程标志牌设置,制定本规程。

1.0.2　本规程适用于我省新建、改建、扩建的建筑工程、市政工程以及园林工程施工现场标志牌和工程竣工标志牌的设置及安装。

1.0.3　建筑工程、市政工程以及园林工程标志牌设置除应符合本规程的规定外,尚应符合国家现行有关标准的规定。

2 术　　语

2.0.1 标志 sign

标明特征的记号。

2.0.2 施工现场标志牌 construction site sign

建筑工程、市政工程以及园林工程施工过程中在施工现场设置的公告牌、管理牌、禁止标志牌、警示标志牌、指令标志牌、提示标志牌。

2.0.3 工程竣工标志牌 project completion sign

建筑工程、市政工程以及园林工程竣工时设置的标志各方责任主体的永久性责任标志牌。

2.0.4 禁止标志 prohibition sign

禁止人们不安全行为的图形标志。

2.0.5 警告标志 warning sign

提醒人们对周围环境引起注意,以避免可能发生危险的图形标志。

2.0.6 指令标志 direction sign

强制人们必须做出某种动作或采取防范措施的图形标志。

2.0.7 提示标志 information sign

向人们提供某种信息的图形标志。

3 基本规定

3.0.1 工程标志牌包括施工现场标志牌和工程竣工标志牌两类。

3.0.2 建筑工程、市政工程以及园林工程应在工程施工阶段设置施工现场标志牌，在工程竣工时设置工程竣工标志牌。

3.0.3 工程标志牌应能传达准确而特定的信息。

3.0.4 工程标志牌应固定牢固，避免被其他临时性物体所遮挡。

3.0.5 工程标志牌设置不得影响工程施工、通行安全和紧急疏散。

3.0.6 工程标志牌的使用、维护与管理应由专人负责，定期检查。发现工程标志牌损坏、缺失应及时修复和补充。

3.0.7 工程标志牌应采取保护措施。

3.0.8 工程标志牌设置除符合本规程外，尚应满足现行国家标准《安全标志及其使用导则》GB 2894 的规定。

4 施工现场标志牌

4.1 一般规定

4.1.1 施工现场标志牌应包括施工现场公告牌、管理牌、禁止牌、警示牌、指令牌、提示牌六类,并由施工单位制作及维护。

4.1.2 施工现场标志牌应坚固耐久,不应使用遇水变形、变质或易燃的材料。有触电危险的场所应使用绝缘材料。施工现场标志牌的使用寿命应满足工程施工周期要求。

4.1.3 施工现场标志牌应安装在醒目位置。当采用专用支架时,应安全可靠,并不影响正常通行。

4.1.4 不同类型标志牌同时设置时,应按禁止、警示、指令、提示的顺序,先左后右,先上后下地排列。

4.1.5 施工现场的重点消防防火区域,应设置消防安全标志。消防安全标志的设置应符合现行国家标准《消防安全标志》GB 13495 和《消防安全标志设置要求》GB 15630 的有关规定。

4.2 施工现场公告牌

4.2.1 施工现场公告牌应包括:建设项目概况牌、总平面图牌、《建设用地规划许可证》牌、《国有土地使用证》牌、《建设工程规划许可证》牌、《建筑工程施工许可证》牌、建筑节能设计牌等。

4.2.2 施工现场公告牌应设置在施工现场外围,面向公共区域,位置醒目。每块牌的高、宽尺寸宜为 2.0 m×1.2 m,且不应小于 1.0 m×0.6 m。

4.2.3 建设项目概况牌内容应包括:建设项目名称,建设规模,建设单位、设计单位、施工单位、监理单位名称,开竣工日期。

4.2.4 总平面图牌内容应包括:场地范围的测量坐标、道路红线、用地红线、建筑控制线的位置;建设项目名称、层数、定位;指北针或风玫瑰图。

4.2.5 《建设用地规划许可证》牌内容应包括:许可证编号,发证机关名称和发证日期,用地单位、用地项目名称、用地位置、用地性质、用地面积、建设规模、附图及附件名称。

4.2.6 《国有土地使用证》牌内容应包括:使用证编号,发证机关名称和发证日期,土地使用权人、坐落、地号、图号、地类(用途)、取得价格、使用权类型、终止日期、使用权面积、宗地图。

4.2.7 《建设工程规划许可证》牌内容应包括:许可证编号,发证机关名称和发证日期,建设单位、建设项目名称、建设位置、建设规模、附图及附件名称。

4.2.8 《建筑工程施工许可证》牌内容应包括:许可证编号,发证机关名称和发证日期,建设单位、工程名称、建设地址、建设规模、设计单位、施工单位、监理单位、合同开工日期及合同竣工日期。

4.2.9 建筑节能设计牌内容应包括:执行的建筑节能标准,建筑体型系数,建筑屋面、外墙、外窗、楼地面的节能措施和指标,建筑空调、热水、照明的节能措施。

4.3 施工现场管理牌

4.3.1 施工现场管理牌宜包括建设项目概况牌、管理人员及联系电话牌、施工现场平面图牌、项目组织机构体系图牌、质量保证体系牌、安全生产管理制度牌、文明施工管理制度牌、消防保卫管理制度牌、重大危险源公示牌、公司文化牌等。

4.3.2 施工现场管理牌应设置在施工现场主要出入口内醒目位置。

4.3.3 施工现场管理牌宜为矩形,高宽比宜为3:2,尺寸宜为1.5

m×1.0 m。

4.3.4 管理人员及联系电话牌应包括项目管理人员姓名、岗位和联系方式等信息。

4.3.5 施工现场平面图牌应显示现场施工区、加工区、生活区、办公区的规划布置。

4.3.6 项目组织机构体系图牌应标明项目管理的组织机构,包括项目负责人及各部门的主要负责人。

4.3.7 质量保证体系牌应包括施工企业及项目部对工程质量的监督管理要求。

4.3.8 安全生产管理制度牌应包括安全生产管理机构、责任制考核、安全教育、大型机械设备、安全设施配置、个人安全行为等内容。

4.3.9 文明施工管理制度牌应包括工完场清、现场材料堆放、现场清洁、污水处理、扬尘污染防治措施及安全文明行为等内容。

4.3.10 消防保卫管理制度牌应包括消防组织、现场巡查、动火作业、易燃物品堆放、灭火器材的堆放、生活区宿舍管理及其他消防安全行为等内容。

4.3.11 重大危险源公示牌应为表格形式,横排应包括施工部位、潜在的危险因素、可能导致的后果、防范措施及责任人等内容,纵列为不同的危险源内容。

4.3.12 公司文化牌宜包括施工单位企业文化、企业愿景、管理理念、质量理念、安全理念等内容。

4.4 施工现场禁止标志牌

4.4.1 施工现场禁止人员不安全行为的场所必须设置施工现场禁止标志牌。施工现场禁止标志牌应包含施工禁止标志,同时宜设置禁止标语等内容,施工现场禁止标志牌应符合附录 A 的规定。

4.4.2 塔吊吊物下、脚手架装拆警戒线内等有危险作业的场所必须设置禁止通行牌。

4.4.3 不允许攀爬的危险场所必须设置禁止攀登牌。外脚手架每面至少设置一块禁止标志牌。

4.4.4 乘人易造成伤害的设施处必须设置禁止吊篮乘人牌。

4.4.5 所有禁止吸烟的场所必须设置禁止吸烟牌。

4.4.6 所有禁止烟火的场所必须设置禁止烟火牌。

4.4.7 变电室及移动电源开关等处必须设置禁止合闸牌。

4.4.8 消防器材存放处、消防通道、施工通道、基坑支撑杆上等处必须设置禁止堆放牌。

4.4.9 抛物易伤人的场所每面必须设置禁止抛物牌。

4.4.10 施工现场内其他需要设置禁止标志牌的场所,可参照附录 A 的要求制作并设置。

4.5 施工现场警示标志牌

4.5.1 施工现场内在可能发生危险的地方应设置施工现场警示标志牌。施工现场警示标志牌应包含施工警示标志,同时宜设置警示标语等内容,施工现场警示标志牌应符合附录 B 的规定。

4.5.2 易造成人员伤害的场所及设备处应设置注意安全警示牌。

4.5.3 易发生火灾的危险场所应设置当心火灾警示牌。

4.5.4 有可能发生触电危险的场所应设置当心触电警示牌。警示牌悬挂于配电箱附近墙体或临时支架上,与配电箱距离不应超过 2.0 m。

4.5.5 易发生雷击处应设置注意避雷警示牌。

4.5.6 暴露的电缆或地面下有电缆处施工的场所应设置当心电缆警示牌。

4.5.7 易发生坠落事故的作业地点应设置当心坠落警示牌。

4.5.8 有坑洞易造成伤害的作业地点应设置当心坑洞警示牌。

4.5.9 有塌方危险区域应设置当心塌方警示牌。警示牌间距不宜大于 50 m,且每边不少于 2 块。

4.5.10 有吊物作业的场所应悬挂当心吊物警示牌。

4.5.11 易发生机械卷入、轧压、碾压、剪切等机械伤害的作业地点应设置当心机械伤人警示牌。

4.5.12 易造成足部伤害的作业地点应设置当心扎脚警示牌。

4.5.13 易发生落物危险的地点应设置当心落物警示牌。脚手架首层每隔 30 m 设置一块警示牌,且每边不少于 2 块。

4.5.14 易发生爆炸危险的场所应设置当心爆炸警示牌。

4.5.15 施工现场内其他需要设置警示标志牌的场所,可参照附录 B 的要求制作并设置。

4.6 施工现场指令标志牌

4.6.1 施工现场内采取防范措施的地方应设置施工现场指令标志牌。施工现场指令标志牌应包含施工指令标志,同时宜设置指令标语等内容,施工现场指令标志牌应符合附录 C 的规定。

4.6.2 有飞溅物质的场所应设置必须戴防护面罩指令牌。

4.6.3 对眼睛有伤害的各种飞溅物质的场所应设置必须戴防护眼镜指令牌。

4.6.4 施工现场进出口、各通道口等施工场所应设置必须戴安全帽指令牌。

4.6.5 具有腐蚀、灼烫、触电、刺伤等易伤害手部的场所应设置必须戴防护手套指令牌。

4.6.6 易发生坠落的作业场所应设置必须系安全带指令牌。

4.6.7 施工现场内其他需要设置指令标志牌的场所,可参照附录 C 的要求制作并设置。

4.7 施工现场提示标志牌

4.7.1 施工现场内提示某种信息、标明安全设施或场所的地方应设置施工现场提示标志牌。施工现场提示标志牌应包含施工提示标志,同时宜设置提示标语等内容,施工现场提示标志牌应符合附录D的规定。

4.7.2 施工现场划定的可使用明火的地点应设置动火区域提示牌。

4.7.3 躲避危险的地点应设置避难处提示牌。

4.7.4 安全疏散的紧急出口处应设置紧急出口提示牌,提示牌的方向箭头应与通道出口方向一致。

4.7.5 施工现场内其他需要设置提示标志牌的场所,可参照附录D的要求制作并设置。

5 工程竣工标志牌

5.1 一般规定

5.1.1 工程竣工标志牌应标注工程名称、设计使用年限、开竣工日期;建设单位、勘察单位、设计单位、施工单位、监理单位名称,以及各单位项目责任人姓名。工程竣工标志牌可参照附录 E 的要求制作并设置。

5.1.2 工程竣工标志牌应采用坚固耐久材料制作,工程竣工标志牌使用年限应与工程的使用年限一致。

5.1.3 工程竣工标志牌尺寸宜为长 0.8 m、高 0.5 m,颜色应与建筑工程、市政工程以及园林工程相协调。

5.1.4 工程竣工标志牌字体应统一采用宋体,并做防褪色处理。

5.1.5 工程竣工标志牌应设置在工程的主立面或过往行人的醒目处。

5.1.6 工程竣工标志牌应固定于工程主体或安装在专用支架上。固定于工程主体时,应与工程主体固定牢靠;安装在专用支架上时,应满足抗击 12 级风力的要求,并不影响人车正常通行。

5.1.7 工程竣工标志牌应由建设单位制作及维护;工程改造时,应对建筑物竣工标志牌进行保护或恢复。

5.2 建筑工程竣工标志牌

5.2.1 建筑工程竣工标志牌应每栋建筑物设置一块。

5.2.2 建筑工程竣工标志牌设置位置:住宅建筑宜设置在靠近主要通道一侧醒目处或主要出入口处,其他建筑宜设置在建筑主要出入口处。

5.3 市政工程竣工标志牌

5.3.1 市政工程竣工标志牌应按工程标段设置。

5.3.2 市政工程竣工标志牌应设置在醒目位置且不影响人车正常通行。

5.4 园林工程竣工标志牌

5.4.1 园林工程竣工标志牌应按工程标段设置。

5.4.2 园林工程的竣工标志牌应结合环境景观,设置在主要景观或主要出入口处。

附录A　禁止标志牌图例

A.0.1　禁止标志的基本形状为白色长方形衬底、内有红色带斜杠的圆环，图形符号用白底黑色，下方文字辅助标志用红底白字。其基本型式如图A.0.1所示。

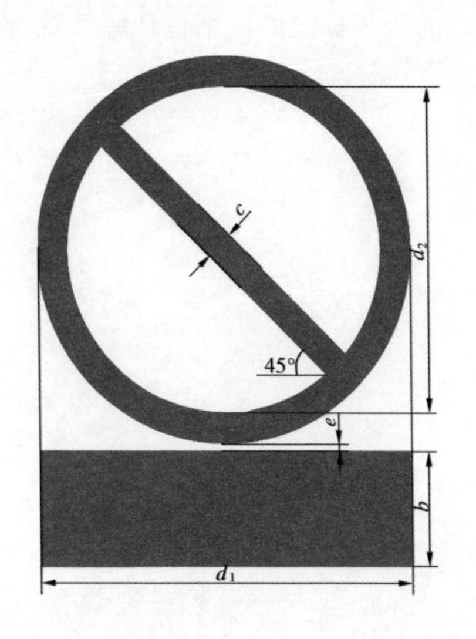

图A.0.1　禁止标志的基本型式

A.0.2　禁止标志的基本尺寸宜根据最大观察距离确定，符合表A.0.2的规定。

表 A.0.2　禁止标志尺寸与最大观察距离的关系

标志尺寸 \ 最大观察距离	10 m	15 m	20 m
标志外径 d_1(mm)	250	375	500
标志内径 d_2(mm)	200	300	400
文字辅助标志宽度 b(mm)	75	115	150
斜杠宽度 c(mm)	20	30	40
间隙宽度 e(mm)	5	10	10

A.0.3　施工现场禁止标志牌应符合表 A.0.3 的规定。

表 A.0.3　禁止标志牌图例

序号	名称及图形符号	设置范围和地点
1	禁止通行	有危险作业，如塔吊吊物下、脚手架装拆警戒线内等处
2	禁止攀登	不允许攀爬的危险地点，如有坍塌危险的建(构)筑物、龙门吊、桩机、支架、变压器等处
3	禁止吊篮乘人	乘人易造成伤害的设施，如运输吊篮、运物垂直升降机等处

续表 A.0.3

序号	名称及图形符号	设置范围和地点
4	禁止吸烟	所有禁止吸烟的场所，如木工棚、材料库房、易燃易爆场所等处
5	禁止烟火	所有禁止烟火的场所，如配电房、电气设备开关处、发电机、变压器、易燃易爆物品存放处、木工加工场地等处
6	禁止合闸	变电室及移动电源开关等处，如检修、清理搅拌系统、龙门吊、桩机等机械设备等
7	禁止堆放	消防器材存放处、消防通道、施工通道、基坑支撑杆上等处
8	禁止抛物	抛物易伤人的地点，如高处作业现场、支架、沟坑等处

附录 B　警示标志牌图例

B.0.1　警示标志的基本形状为等边三角形,顶角朝上,图形符号用黄底黑色,下方文字辅助标志用白底黑字。其基本型式如图 B.0.1所示。

图 B.0.1　**警示标志的基本型式**

B.0.2　警示标志的基本尺寸宜根据最大观察距离确定,并符合表 B.0.2 的规定。

表 B.0.2 警示标志尺寸与最大观察距离的关系

标志尺寸 \ 最大观察距离	10 m	15 m	20 m
三角形外边长 a_1(mm)	340	510	680
三角形内边长 a_2(mm)	240	360	480
文字辅助标志宽度 b(mm)	100	150	200
黑边圆角半径 r(mm)	20	30	40
黄色衬边宽度 e(mm)	10	15	15

B.0.3 施工现场警示标志牌应符合表 B.0.3 的规定。

表 B.0.3 警示标志牌图例

序号	名称及图形符号	设置范围和地点
1	注意安全	易造成人员伤害的场所及设备等处,如基坑、泥浆池、水上平台、桩基施工现场、路基边坡开挖现场、爆破现场、配电房、炸药库、油库、龙门吊、桩机、支架、变压器、拆除工程现场、地锚、缆绳通过区域等处
2	当心火灾	易发生火灾的危险场所,如房屋外立面保温材料的施工处
3	当心触电	有可能发生触电危险的场所,如输配电线路、龙门吊、配电房、电气设备开关处、发电机、变压器、桩机等处

续表 B.0.3

序号	名称及图形符号	设置范围和地点
4	避雷装置 注意避雷	易发生雷电电击处,如有避雷装置的场所
5	当心电缆	暴露的电缆或地面下有电缆处施工的场所
6	当心坠落	易发生坠落事故的作业地点,如脚手架、高处平台等处
7	当心坑洞	有坑洞等易造成伤害的作业地点,如基坑、桩基施工场地等处
8	当心塌方	有塌方危险区域,如易发生地质灾害的部位、边坡开挖等处

续表 B.0.3

序号	名称及图形符号	设置范围和地点
9	当心吊物	有吊物作业的场所
10	当心机械伤人	易发生机械卷入、轧压、碾压、剪切等机械伤害的作业地点,如桩机、架桥机、大型空压机、钢筋加工场地、模板加工场地等处
11	当心扎脚	易造成足部伤害的作业地点
12	当心落物	易发生落物危险的地点,如边坡开挖、拆除现场、支架、高处作业场所
13	当心爆炸	易发生爆炸危险的场所,如带气作业施工现场等处

附录 C　指令标志牌图例

C.0.1　指令标志的基本形状为圆形，图形符号用蓝底白色，下方文字辅助标志用蓝底白字。其基本型式如图 C.0.1 所示。

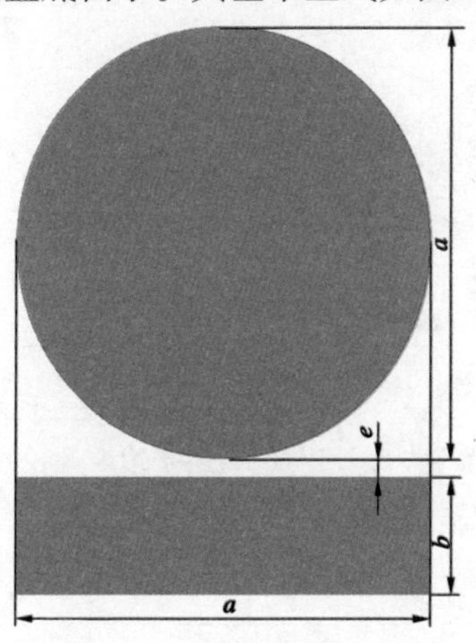

图 C.0.1　指令标志的基本型式

C.0.2　指令标志的基本尺寸宜根据最大观察距离确定，并符合表 C.0.2 的规定。

表 C.0.2　指令标志尺寸与最大观察距离的关系

最大观察距离 标志尺寸	10 m	15 m	20 m
标志外径 a(mm)	250	375	500
文字辅助标志宽度 b(mm)	75	115	150
间隙宽度 e(mm)	5	10	10

C.0.3 施工现场指令标志牌应符合表 C.0.3 的规定。

表 C.0.3 指令标志牌图例

序号	名称及图形符号	设置范围和地点
1	必须戴防护面罩	有飞溅物质的场所,如电焊、检修设备操作地点等处
2	必须戴防护眼镜	对眼睛有害的各种场所,如有弧光辐射、较多尘埃、飞射小颗粒等处
3	必须戴安全帽	施工场所,如施工现场进出口、桩基施工现场、路基边坡开挖现场、爆破现场、张拉作业区、梁场入口、钢筋加工场地、拆除现场等处
4	必须戴防护手套	具有腐蚀、灼烫、触电、刺伤等易伤害手部的场所,如设备检修、电气倒闸操作等处
5	必须系安全带	易发生坠落的作业场所,如需下闸井检修操作及登高作业等处

附录D　提示标志牌图例

D.0.1　提示标志的基本形状是正方形，图形符号用绿底白色，下方文字辅助标志用绿底白字。其基本型式如图D.0.1所示。

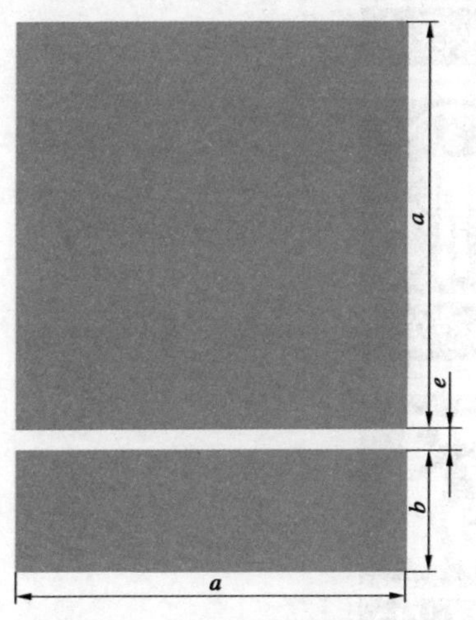

图D.0.1　提示标志的基本型式

D.0.2　提示标志的基本尺寸宜根据最大观察距离确定，并符合表D.0.2的规定。

表D.0.2　提示标志尺寸与最大观察距离的关系

标志尺寸＼最大观察距离	10 m	15 m	20 m
正方形边长 a(mm)	250	375	500
文字辅助标志宽度 b(mm)	75	110	150
间隙宽度 e(mm)	5	10	15

D.0.3 施工现场提示标志牌应符合表 D.0.3 的规定。

表 D.0.3 提示标志牌图例

序号	名称及图形符号	设置范围和地点
1	动火区域	施工现场划定的可使用明火的地点
2	避难处	躲避危险的地点
3	紧急出口	安全疏散的紧急出口处,方向箭头应与通道出口方向一致

附录E 工程竣工标志牌图例

工程竣工标志牌

工程名称		设计使用年限	
开工时间		竣工时间	
建设单位		项目负责人	
勘察单位		项目负责人	
设计单位		设计总负责人	
施工单位		项目经理	
监理单位		总监理工程师	

本规程用词说明

1 为便于在执行本规程条文时区别对待,对于条文要求严格程度不同的用词说明如下:

(1)表示很严格,非这样做不可的:

正面词采用"必须",反面词采用"严禁";

(2)表示严格,在正常情况下均应这样做的:

正面词采用"应",反面词采用"不应"或"不得";

(3)表示允许稍有选择,在条件许可时首先应这样做的:

正面词采用"宜",反面词采用"不宜";

(4)表示有选择,在一定条件下可以这样做的用词,采用"可"。

2 条文中指明应按其他有关标准执行的写法为:"应符合……的规定"或"应按……执行"。

引用标准名录

1 《安全色》GB 2893

2 《安全标志及其使用导则》GB 2894

3 《标志用公共信息图形符号 第1部分:通用符号》GB/T 10001.1

4 《消防安全标志》GB 13495

5 《中国颜色体系》GB/T 15608

6 《消防安全标志设置要求》GB 15630

河南省工程建设标准

建筑及市政园林工程标志牌设置技术规程

DBJ41/T133—2014

条 文 说 明

目　次

1 总　　则

1.0.1 近几年,在建筑及市政、园林工程施工中,因未对施工存在的危险因素进行分析设置标志或标志不明显,引起人身伤亡、财产损失的事例不断出现。标志设置和使用混乱,未充分发挥其作用。其主要原因:①标志的使用、设置不规范,不能清晰地传递信息。②不能正确处理防护设施和标志两者的关系,导致有防护设施而无标志的设置。

为进一步加强建筑及市政、园林工程质量管理,提高工程质量责任主体的责任意识,充分发挥社会监督的作用。依据《房屋建筑和市政基础设施工程质量监督管理规定》(住房和城乡建设部令第5号)第七条:“工程竣工验收合格后,建设单位应当在建筑物明显部位设置永久性标牌,载明建设、勘察、设计、施工、监理单位等工程质量责任主体的名称和主要责任人姓名”和《河南省房屋建筑和市政基础设施工程质量监督管理实施办法》等规定,特制定本规程。

本规程的制定,有利于促进建筑及市政、园林工程施工现场安全、文明,规范现有各式各样标志牌的制作、使用,充分发挥标志牌的安全警示、提示作用。

1.0.2 本规程的适用范围特定于建筑及市政、园林工程施工现场及工程竣工标志牌的设置与安装。

1.0.3 本条明确了本规程在应用中与其他标准、规范的关系及衔接原则。如现行国家标准《安全标志及其使用导则》GB 2894 与本规程密切相关,在执行本规程的同时,尚应遵守该标准的要求。

3 基本规定

3.0.3 标志牌的版面布置应简洁美观、导向明确，所表达内容无歧义。

3.0.4 标志牌不得设置在门、窗、架等可移动的物体上，标志的正面不得有妨碍人们视读的固定障碍物，并避免被其他临时性物体所遮挡。

3.0.6 标志牌应保证其完好，发现损坏应及时修理。

4 施工现场标志牌

4.1 一般规定

4.1.1 在施工过程中,为了让广大群众了解工程审批手续是否齐全,应设置施工现场公告牌。为了加强对施工现场内的工程质量保证、安全生产、文明施工、工程进度等方面管理,应设置施工现场管理牌。在施工现场内禁止人员不安全行为的地方必须设置施工现场禁止牌。在施工现场内需警示提醒人员对周围环境引起注意,避免可能发生危险的地方应设置施工现场警示牌。在施工现场内需强制人员做出动作或采取防范措施的地方必须设置施工现场指令牌。在施工现场内需提示某种信息、标明安全设施或场所的地方必须设置施工现场提示牌。

4.1.2 施工现场标志牌在施工期间不应由于受到自然环境因素而受到破坏。

4.1.3 施工现场标志牌应安装在人们容易看到的地方,固定应安全可靠。

4.2 施工现场公告牌

4.2.1 施工现场公告牌应包括:建设项目概况牌、总平面图牌、《建设用地规划许可证》牌、《国有土地使用证》牌、《建设工程规划许可证》牌、《建筑工程施工许可证》牌、建筑节能设计牌等,以便社会各方面对工程建设内容了解和监督。

4.2.2 设置现场公告牌的目的是让广大群众了解工程审批手续是否齐全,应设置在施工现场外围。

4.2.4 总平面图牌主要表示整个基地的总体布局，具体表达新建房屋的位置、朝向以及周围环境（原有建筑、交通道路、绿化、地形）基本情况的图样。

4.2.5 《建设用地规划许可证》是建设单位在向土地管理部门申请征用、划拨土地前，经城市规划行政主管部门确认建设项目位置和范围符合城市规划的法定凭证，是建设单位用地的法律凭证。《建设用地规划许可证》牌内容即为该工程审批通过的《建设用地规划许可证》的内容。

4.2.6 《国有土地使用证》是证明土地使用者使用国有土地的法律凭证，受法律保护。《国有土地使用证》牌内容即为该工程审批通过的《国有土地使用证》内容。

4.2.7 《建设工程规划许可证》是城市规划行政主管部门依法核发的，确认有关建设工程符合城市规划要求的法律凭证，是建设活动中接受监督检查时的法定依据。没有此证的建设单位，其工程建筑是违章建筑，不能领取房地产权属证件。《建设工程规划许可证》牌内容即为该工程审批通过的《建设工程规划许可证》内容。

4.2.8 为了加强对建筑活动的监督管理，维护建筑市场秩序，保证建筑工程的质量和安全，根据《中华人民共和国建筑法》，在中华人民共和国境内从事各类房屋建筑及其附属设施的建造、装修装饰和与其配套的线路、管道、设备的安装，以及城镇市政基础设施工程的施工，建设单位在开工前应依照本法的规定，向工程所在地的县级以上人民政府建设行政主管部门申请领取《建筑工程施工许可证》。《建筑工程施工许可证》牌内容即为该工程审批通过的《建筑工程施工许可证》内容。

4.2.9 建筑节能设计牌是为了让人们了解建筑物的节能措施是否满足国家规范要求。

4.3 施工现场管理牌

4.3.1 施工现场管理牌宜包括建设项目概况牌、管理人员及联系电话牌、施工现场平面图牌、项目组织机构体系图牌、质量保证体系牌、安全生产管理制度牌、文明施工管理制度牌、消防保卫管理制度牌、重大危险源公示牌、公司文化牌等,各施工企业可根据实际情况自行增加。

4.3.3 施工现场管理牌在同一施工现场其尺寸应统一,当某块管理牌内容较多时,可加宽其尺寸或设置成多块管理牌,但所悬挂的管理牌高度应统一。

4.3.4 管理人员名单及联系电话牌是为了让人们方便快速地联系上相关的管理人员。

4.3.5 施工现场平面图牌是为了更好地了解施工现场内各临建设施、加工车间、材料库及其他设施等的位置,熟悉施工现场平面布置。

4.3.6 项目组织机构体系图是让人们更好地了解项目部各职能部门的项目相关管理。

4.3.8 安全生产管理制度涉及安全机构和安全管理,应明确安全生产职责、规范安全生产行为、建立和维护安全生产秩序,是现场安全管理的依据,可以让社会各界对现场安全工作有基本的了解并参与监督。

4.3.11 为了加强施工现场安全生产监督管理,强化对施工现场重大危险源的监控,杜绝重特大事故发生,应设置重大危险源公示牌。

4.4 施工现场禁止标志牌

4.4.1 在施工现场,某些行为和场所存在很大的危险因素,必须加以禁止。施工现场禁止标志牌可以向人们警示某些行为及工作场所或周围环境的危险状况，提高人们的注意力，指导人们采取合理的行为，限制人们的不安全行为，对避免、减少事故发生有着重要的作用。

4.4.2 在塔吊吊物下、脚手架装拆警戒线等处，人通过时有被高空坠物击伤的危险，故须设置禁止通行牌。

4.4.3 在施工现场高大设备底部、外脚手架底部，如果攀登，有被高空坠物打击，或者攀至不牢固地方因为精神、体力出现状况发生坠落的危险，故须设置禁止攀登牌。

4.4.4 乘人易造成伤害的设施处，如物料提升机是运输物料的垂直运输设备，安全设施达不到载人的运输要求，人乘坐时会有高空人体坠落的危险，故须设置禁止乘人牌。

4.4.5 在库房、木工模板加工区、易燃易爆物品存放区、装饰装修作业区等场所，堆积有大量的易燃材料，如吸烟产生的火星或没有灭完的烟头很容易引燃材料发生火灾，故须设置禁止吸烟牌。

4.4.6 室内木材加工场、木材及易燃物品堆放处堆积有大量易燃材料，且室内空间比较封闭，一旦出现烟火会有发生火灾甚至爆炸的危险，故须设置禁止烟火牌。

4.4.7 在变电室及移动电源开关等地方，检修、清理搅拌系统、龙门吊、桩机等机械设备，没有通知的情况下，私自合闸，会使设备来电运行，给正在接触或者周围行走的人带来触电、被物体打击的危险，或给正在维修保养的机械带来损坏，故须设置禁止合闸牌。

4.4.8 在配电箱的周围堆放材料容易引起火灾或者触电，并且在紧急时期电工不能很快地使用电箱；安全通道处堆放材料会阻碍行人通行或因为材料倒塌伤人；消防通道处堆放材料容易引起火灾，在发生火灾时阻碍消防车的正常通行；楼梯处堆放材料会阻碍施工人员通行、在临边倒塌坠物伤人；深基坑处堆放材料，容易材料倒塌伤害下方的施工人员甚至材料倒塌使基坑边坍塌；挖坑桩井口边堆放材料会影响施工、材料堵塞井口，给施工带来不便，故须设置禁止堆放材料牌。

4.4.9 抛物易伤人的场所,如施工现场楼层临边、窗口边、作业层等处,如果往外随意抛撒杂物,很容易砸伤下方正在行走的人员,甚至导致出现伤亡事故,故须设置禁止抛物牌。

4.5 施工现场警示标志牌

4.5.1 施工现场警示标志牌是用来提醒人们对周围环境引起注意,避免发生危险;对人们正确认识工作场所或周围环境的危险状况,提高人们的注意力有着重要的作用。

4.5.2 易造成人员伤害的场所及设备等处,如基坑、泥浆池、水上平台、桩基施工现场、路基边坡开挖现场、爆破现场、配电房、炸药库、油库、龙门吊、桩机、支架、变压器、拆除工程现场、地锚、缆绳通过区域等处,应设置注意安全警示牌。

4.5.3 易发生火灾的危险场所,如房屋外立面保温材料的施工处、可燃性物质的储存、使用等场所,因为人的不安全行为,很容易导致这些地方发生火灾,故应设置当心火灾警示牌。

4.5.4 有可能发生触电危险的场所,如输配电线路、龙门吊、配电房、电气设备开关处、发电机、变压器、桩机等处有触电的危险,故应设置当心触电警示牌。

4.5.5 雷电灾害是我国十大自然灾害之一。建筑工地遭受雷击,主要原因是高耸的建(构)筑物、起重机、外脚手架、井字架、龙门架等大型机械,故应设置注意避雷警示牌。

4.5.6 暴露的电缆或地面下有电缆处施工的地点,如不小心挖断电缆会使施工人员有触电危险或者关闭正在施工用电的设备给人或设备带来伤害的危险,故应设置当心电缆警示牌。

4.5.7 易发生坠落事故的作业地点,如脚手架、高处平台等处,人行走的时候会有不小心从洞口坠落下去的危险,故应设置当心坠落警示牌。

4.5.8　有坑洞易造成伤害的作业地点，如基坑、桩基施工场地、构件的预留孔洞等处的坑洞是造成意外伤害的作业地点，人如果不注意，容易出现坠落、跌倒的危险，故应设置当心坑洞警示牌。

4.5.9　有塌方危险区域，如边坡开挖等处，土方开挖后坑槽回填前，坑槽边容易发生塌方，使下方正在施工的人有被埋或者受打击伤害的危险，故应设置当心塌方警示牌。

4.5.10　有吊物作业的场所，如吊机、井子架的摇臂扒杆起吊物品，因为操作不当或机械出现故障，容易导致起吊物品发生坠落的危险，击伤下方通行的人，故应设置当心吊物警示牌。

4.5.11　易发生机械卷入、轧压、碾压、剪切等机械伤害的作业地点，如桩机、架桥机、大型空压机、钢筋加工场地、模板加工场地等处，因人的不安全行为（操作不当、戴手套、穿毛料衣服）、机械发生故障很容易使操作工人受伤，造成人体各部位受到伤害，故应设置当心机械伤人警示牌。

4.5.12　易造成足部伤害的作业地点，如模板安装、拆除、堆放现场，钢筋加工堆放现场等处因正在施工作业或没有及时打扫，会遗留铁钉等尖锐的东西，人行走的时候会扎伤脚甚至带来其他伤害，故应设置当心扎脚警示牌。

4.5.13　施工现场易发生落物危险的地点，如边坡开挖、拆除现场、支架、高处作业场所、升降机梯笼周边防护栏杆上、安全通道口、外脚手架首层周边外侧等处，都是在施工面的下方，因为人的不安全行为或处于不安全状态的材料受自然环境的影响发生高空坠落，容易击伤下方通行的人，故应设置当心落物警示牌。

4.5.14　易发生爆炸危险的场所，如存放易燃易爆品仓库内外或使用煤气、氧气、乙炔气等处，容易因火星或者其他因素发生爆炸，故应设置当心爆炸警示牌。

4.6 施工现场指令标志牌

4.6.1 施工现场指令标志牌用来强制人们必须做出某种动作或必须采取一定的防范措施;对指导人们采取合理的行为,强化人们的安全意识,加强自身安全保护有很大的重要性。

4.6.2 电焊、检修设备操作地点等有飞溅物质的场所,容易带来伤害,故应设置必须戴防护面罩指令牌。

4.6.3 对眼睛有伤害的各种作业场所和施工场所,如电焊作业,电焊产生的强度亮光会刺痛眼睛,长时间会导致眼睛失明,故应设置必须戴防护眼镜指令牌。

4.6.4 进入施工场所,如施工现场进出口、桩基施工现场、路基边坡开挖现场、爆破现场、张拉作业区、梁场入口、钢筋加工场地、拆除现场等处,应设置必须戴安全帽指令牌。

4.6.5 具有腐蚀、污染、灼烫、冰冻及触电危险等易伤害手部的作业场所如设备检修、电气倒闸操作等处,会给手带来严重的伤害,故应设置必须戴防护手套指令牌。

4.6.6 容易发生坠落的作业场所,如施工现场临边作业、高空作业等区域,施工人员受高空作业环境的影响或因自己不安全行为、精神不集中等常常发生坠落的危险,故应设置必须系安全带指令牌。

4.7 施工现场提示标志牌

4.7.1 施工现场提示标志牌是用来向人们提供目标所在位置与方向性信息,预防危险或者危险发生时人们能采取正确、有效的措施尽快逃离,以减少事故发生。

4.7.2 施工现场划定的可使用明火的地点,可在此动火,故应设置动火区域提示牌。

4.7.3 躲避危险的地点应设置避难处提示牌,以便危险发生的时候,人员能快速找到安全处。

4.7.4 安全疏散的紧急出口处,应设置紧急出口提示牌,给人以方向的提示,让人员能分清位置,并快速地通往安全处。

5 工程竣工标志牌

5.1 一般规定

5.1.1 建设、勘察、设计单位责任人为项目负责人，施工单位责任人为项目经理，监理单位责任人为总监理工程师。

5.1.2 工程竣工标志牌宜选用天然石材或不锈钢材料。为使工程质量终身受到社会监督，竣工标志牌的使用年限应与工程的使用年限一致。

5.1.3 考虑到0.8 m×0.5 m已能让人看清楚竣工标志牌内容，又不因标志牌面积过大而显得突兀。标志牌的颜色不应影响主体工程外立面的美观。

5.1.5 工程竣工标志牌应安装在容易被人看到的地方。

5.1.6 建筑工程和市政工程应直接固定在工程主体上。园林工程可做专用支架。工程竣工标志牌在不受外力破坏的情况下，不能自主脱落，并不影响行人和车辆的正常通行。

5.2 建筑工程竣工标志牌

5.2.1 因为在一些建筑工程中，会出现几家设计单位、施工单位、监理单位的情况，为明确责任主体，要求每栋建筑物设置一块竣工标志牌，避免混淆。

5.3 市政工程竣工标志牌

5.3.1 城市市政工程是指城市道路上的跨越水域或者陆域供车辆、行人通行的跨江河桥、立交桥、高架桥、人行天桥、铁路桥、地下通道等建(构)筑物。如一座桥梁由两个及以上的标段,应按标段设置,并标明标段分界位置。

5.4 园林工程竣工标志牌

5.4.1 园林工程包括公共绿地、园林工程。

公共绿地包括公园、动物园、游园、陵园、风景名胜区和绿化广场、街道绿地、河岸绿地等。

园林工程包括体现园林地貌创作的土石方工程、园林筑山工程(如叠山、塑山等)、园林理水及给排水工程、园林建筑及小品工程、园林桥涵及护坡工程、园林景观照明工程、园林道路铺地工程、植物种植工程(包括种植树木、造花坛、铺草坪等)。

当公共绿地及园林工程有两个及以上的标段,应按标段设置,并标明标段分界位置。

5.4.2 园林工程的竣工标志牌应设置在主要景观或人流量大的主要出入口的位置。